BBC自然探索

ANIMAL BABIES

奇趣大自然
动物萌宝成长记（修订版）

[英] 劳拉·巴威克（Laura Barwick） 著
冉浩 王红斌 译

人民邮电出版社
北京

图书在版编目（CIP）数据

奇趣大自然 ： 动物萌宝成长记 / （英） 劳拉·巴威克（Laura Barwick）著 ； 冉浩，王红斌译. -- 2版（修订本）. -- 北京 ： 人民邮电出版社，2021.3（2023.6重印）
（BBC自然探索）
ISBN 978-7-115-55762-9

Ⅰ. ①奇… Ⅱ. ①劳… ②冉… ③王… Ⅲ. ①动物－普及读物 Ⅳ. ①Q95-49

中国版本图书馆CIP数据核字(2021)第020324号

◆ 著　　[英]劳拉·巴威克（Laura Barwick）
译　　冉 浩 王红斌
责任编辑　　李 宁
责任印制　　王 郁 陈 犇
◆ 人民邮电出版社出版发行　　北京市丰台区成寿寺路 11 号
邮编 100164　电子邮件 315@ptpress.com.cn
网址 https://www.ptpress.com.cn
涿州市京南印刷厂印刷
◆ 开本：787×1092 1/20
印张：8　　2021 年 3 月第 2 版
字数：126 千字　　2023 年 6 月河北第 4 次印刷
著作权合同登记号 图字：01-2017-0546 号

定价：59.80 元

读者服务热线：(010)81055410 印装质量热线：(010)81055316
反盗版热线：(010)81055315
广告经营许可证：京东市监广登字 20170147 号

内容提要

本书收集了120 多幅奇妙的、暖心的野生动物画面。基于BBC 新的自然史系列节目，本书记录了动物宝宝从初生、成长、猎食、交友到逐步成年的成长过程，捕捉了许多动物幼年时期的珍贵时刻：有狼崽在一起嬉戏打闹，也有大象宝宝摇摇摆摆站起，迈出此生的第一步；有海龟宝宝一路拍打着沙滩爬向大海，也有水獭宝宝接受游泳训练……从高山到沙漠，再到海洋，看看这些了不起的动物是如何蹒跚学步，又是如何适应环境的吧。

这是一本非常适合亲子阅读的自然类图书。你会因为这些勇敢的动物在自然环境中找到自己的位置的过程而爱上它们。

目　录

序　言

所有的动物宝宝都有一个共同点，实际上地球上的大部分生物同样如此：它们的生活史始于出生，继而发育，再成长到繁殖阶段，最后以死亡作为结束。

然而，这些生命阶段的长短相差悬殊，比如人类。这一点，在最初的一些年里表现得尤为突出。

事实上，对于大象或者大猿类——如猩猩和黑猩猩，“童年”可能意味着长达10多年的时间。

相比之下，格陵兰海豹宝宝出生仅仅两周后就要自立谋生。至于小海龟，它们干脆就没见过自己的父母。

小宝宝们，欢迎来到这个世界。

对于所有动物宝宝来说，在最初的几天、几周或几个月，最重要的是安全。如同它们的外观和栖息地千差万别那般，动物宝宝们也各有生存之道。

有些物种非常幸运，从一开始就有父母的保护；有些物种凭借伪装来躲开潜在的捕食者；还有些物种会爬到高处——这些本领有的是天生的，有的是父母传授的。火烈鸟宝宝和企鹅宝宝聚在“托儿所”——依靠数量获得安全。而因为大部分成年猫鼬需要外出觅食，猫鼬宝宝则由专门的“保育员”来照看。

到了这些宝宝走出第一步的时候了。对某些动物来说，第一步轻松而自然——绒鸭宝宝一到水里就会游泳。还有些动物，如原驼、斑马、角马等，需要马上站立和行动起来，这样才能避免危险。所有这些都要在出生一小时之内完成，简直令人难以置信。

宝宝们能够行动之后，学会觅食变得至关重要。食草动物需要跟随雨水的“脚步”，这样才能保证吃到新鲜的嫩草。而猎豹宝宝需要追赶活的猎物，这些年轻的猫科动物需要勇气和大量的练习，才能成长为出色的猎手。年轻的黑猩猩带着急切的眼神，观察着成年黑猩猩利用工具敲开坚果——学会这些尚需时日。不过，终有一天，这一切都会变得容易起来。

玩耍是大部分动物宝宝的另一个共同点。有些动物宝宝有非常旺盛的精力和热情。它们奔跑、追逐、跳跃……但所有这些都只有一个目的：学会基本技能，能够捕食、求偶，并最终生存下来。幼小的动物玩耍时不仅能够了解周围的环境，而且能看一看新掌握的技能会带来什么收获。

某些动物，如海龟宝宝，它们生来就是孤独的，只有繁殖才会让它们走到一起。还有一些动物，如猎豹兄弟，要想日后成功，主要依靠在孩童时期结成联盟，形成社会关系。

最后，终于到了宝宝们的成年礼了。对于小矛隼来说，这意味着要出飞（指雏鸟长到羽毛丰满，自己飞出鸟窝），要跳离悬崖、翱翔空中。年轻的雪羊则要勇敢地迅速蹚过湍急的河流，到河对面获取必需的矿物质。对灰熊宝宝来说，这意味着第一次独立捕鱼。它们的最终目标是能够独立生活。

对于所有动物宝宝来说，这些都是为了生存：获得足够的食物，积蓄力量；学会如何避开捕食者；在群体中找到自己的位置；学会如何交友，也学会如何竞争。无论出生在哪里，无论父母的付出有多少，宝宝们都需要获取在栖息地生存所必需的技能，并依据情况进行调整。

所有这一切，都是为了将来有一天，它们也能拥有自己的宝宝。

世界，你好！

有些动物宝宝，如北极熊宝宝，非常幸运，在舒适的洞穴中开始了它们的一生。它们依偎在妈妈身旁，并获得食物和保护。到了离开洞穴时，它们已经迫不及待地要四处走动，探索冰雪的世界。

相比之下，海龟宝宝则是独自来到这个世界的。它们从埋在沙子下的卵中孵出，挣扎着钻出来，立刻就要面对巨大的挑战：避开众多饥饿的捕食者，爬到相对安全的大海中。

有些动物，如猫鼬和狼，会结成牢固的家庭单位。它们的宝宝一出生便受到保护。小象的生命之旅则是摇摇摆摆地开始的。迈着蹒跚的脚步，在一大群迫不及待来看它的家伙中找到立足之地，还真不是一件容易的事。不过，整个象群都会帮助它学会在非洲平原上寻找食物、水源和躲避捕食者。

还有些动物，如大水獭和企鹅，它们成年后的大部分时间都待在水里，但它们要回到陆地上繁殖后代。海狗宝宝出生在嘈杂、拥挤的海滩上，很容易就找不到妈妈了。宝宝们不久便意识到加入“托儿所”才是最安全的。这是一个在吵闹的环境中能提供更多保护的群体。

对于那些时刻处于危险之中的动物来说，它们的宝宝从一开始便获得了成年动物自愿的“搭载”。“搭载”宝宝时，妈妈们可是各有招数：小袋鼠被装进育儿袋，小狮子被叼在嘴里，大猩猩的宝宝则被背着。

无论出生在多么恶劣的环境中，所有的动物宝宝都要学会生存，并且茁壮成长。

左图

非洲水雉宝宝出生后不久便能行走。它们的长腿和大脚丫能使体重分散到较大的面积上，这使它们能在像睡莲等这样的大叶子水面植物上行走。它们是名副其实的水鸟。

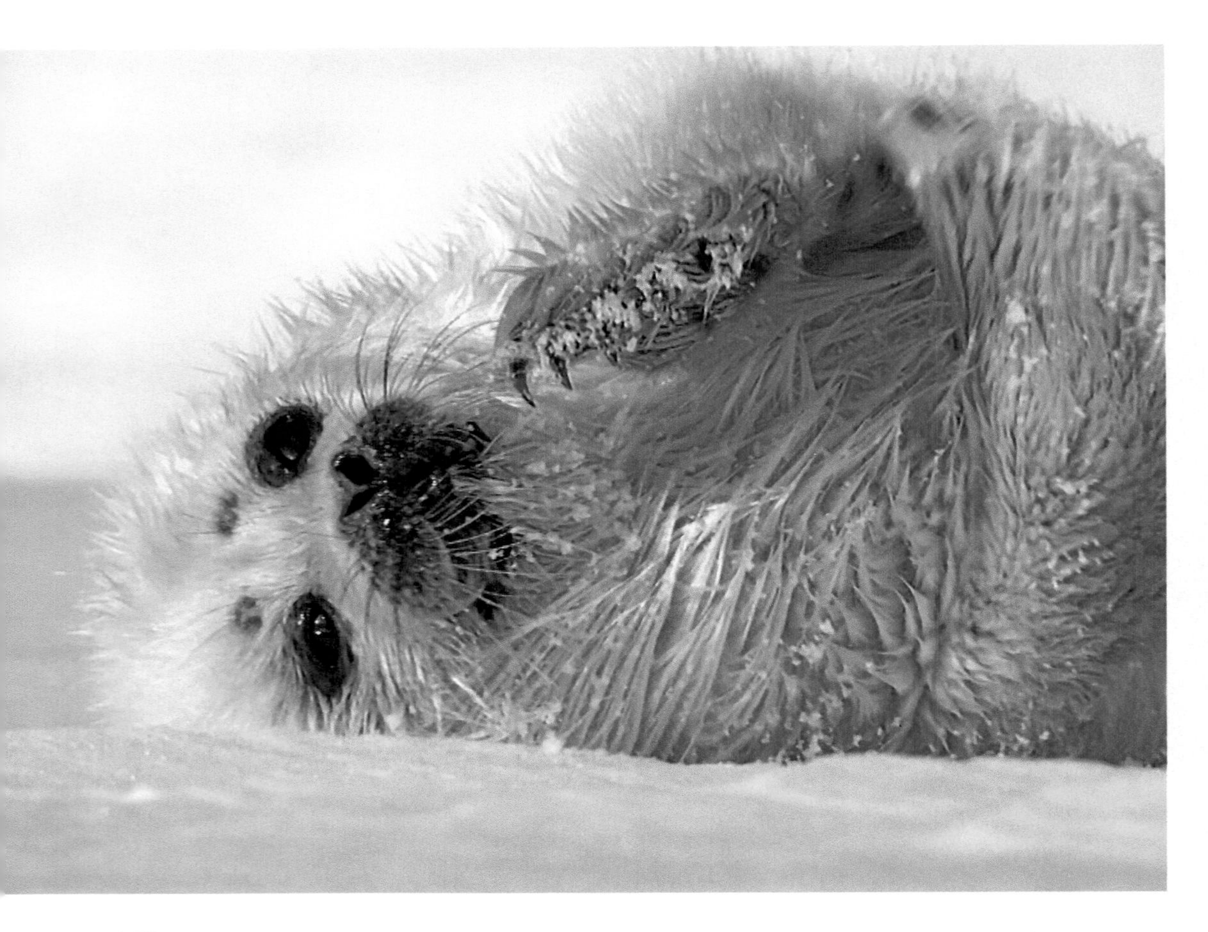

上图

环斑海豹宝宝一生下来就裹着一层厚厚的白色皮毛。这既能让它抵御北极的严寒，又能帮它在雪地里伪装。

上图

绿海龟宝宝用脚拨开沙子，钻到沙滩表面上来。它们根本没有父母的保护，庞大的数量是它们唯一的安全保障。它们活下来的概率非常低。对于这些乒乓球大小的宝宝来说，这个开局实在太难了。

左图

野外生存的**大熊猫**宝宝一直会在妈妈身边待上至少18个月。实际上，从出生到6个月大，它都需要妈妈背着。它在能吃竹子后很长一段时间还需要吃奶。

右图

一只小**雪羊**刚从雪山上来到有较多青草的牧场，正忙着清洁自己的身体。

右图

灰熊妈妈会激烈地对抗一切威胁，包括最大的危险制造者——公熊，来保护它的宝宝。一直以来，灰熊宝宝都以妈妈的乳汁为食。但最近，在夏季的草甸上，它将第一次尝试固体食物。尽管如此，它仍与妈妈形影不离。

左图

虽然**环尾狐猴**宝宝出生后也会依靠妈妈，但一周左右大时，它便开始尝试固体食物。出生仅一个月后，它就要独自去闯荡。大约6个月大时，它会完全断奶。这简直令人难以置信！换句话说，它长得非常快。

右图

帝企鹅是体型最大的企鹅。它们不得不应对最寒冷的栖息地——南极洲——所带来的挑战。企鹅宝宝孵化出来后，会度过一个被称为“保护期”的阶段。在这期间，它们大部分情况下要么躲藏在育儿袋中，要么像这只企鹅一样稳稳地坐在父母的脚上。

上图

非洲象宝宝跌跌撞撞地站起来，寻找第一口奶。这会给它提供营养，使它能够摇摇摆摆地迈出第一步。

右图

刚出生的**北极熊**什么也看不见，完全不能自立。不过，它们出生的洞穴在雪堆的下面，非常安全。在那里，它们会吃几周奶，慢慢熟悉妈妈的气味。到离开洞穴时，它们早已吃得肥肥胖胖的，做好了探索世界的准备。而它们的妈妈则需要尽快获得食物，补充能量。

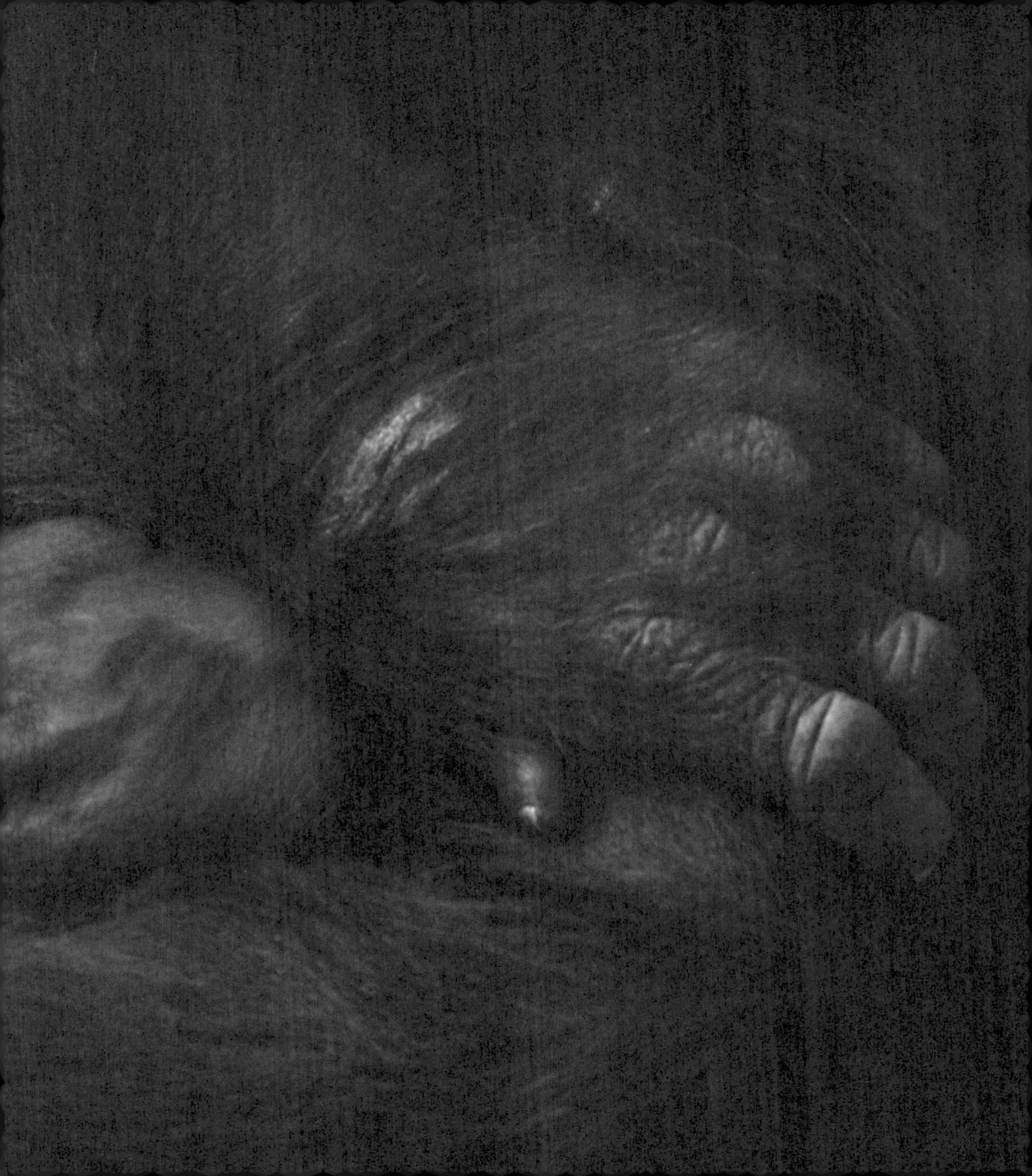

22~23页

一对**西部低地大猩猩**双胞胎和妈妈的亲密时刻。双胞胎正在妈妈怀里休息，安全又舒适。

左图

霍氏树懒宝宝一生下来便能用爪子抓住妈妈的背部，并在那里度过生命最初的几个星期，随时都能吃到奶。大多数情况下，树懒妈妈会把宝宝带在身上6~9个月，先放在肚子上，然后是背上。这是让宝宝适应树栖生活最安全的办法了。

上图

从刚孵化的那一刻起，**雪雁**就能很好地适应严寒。它们身上覆盖着一层厚厚的绒毛。雪雁宝宝长得非常快，几天后，便能游泳和自己寻找食物。不过，它们还是要在父母的身边度过第一个冬天。

左图

在4岁前，**山地大猩猩**宝宝能够“搭便车”——被成年大猩猩背着四处走动。

右图

小红鹳的宝宝在孵化后的至少一周里都无法站立和行走，所以它们需要成年小红鹳全天候的照顾。宝宝只要一直待在特意筑在高处的巢里，就不用担心下面潮腐的泥滩。

左图

猩猩童年的时间很长，它们在5岁前都被背着，8岁前一直在吃奶，10岁前都和妈妈在一起，之后还会回来找妈妈。

上图

海狗宝宝出生在拥挤的海滩上，面临着被争夺领地的大型雄海狗踩踏致死的威胁。出生后的前几周，和妈妈紧贴在一起才是最明智的选择。

30~31页

猫鼬宝宝3周大了。这是它第一次坐在洞穴之外，极易受到攻击，所以有一名“保育员”在附近密切关注着它。

左图

刚出生的小**鸵鸟**羽毛非常薄，很容易被太阳晒伤，所以它们需要尽快躲到父母身下。这种保护工作通常都是由鸵鸟爸爸来承担的。

上图

这是两只刚出生的小**河狸**。出生后的头几个月，它们会在安全、舒适的窝里，和父母生活在一起。

保证安全

所有宝宝出生时都非常小，也很脆弱，无法保证一定能长大成年，所以它们会竭尽所能地寻求安全。

高海拔让在山上出生的雪羊宝宝获得了最初的安全保障。但是，这里食物贫乏。不久，它们就要去寻找食物。这时，它们就需要脚和头并用，才能爬下陡坡。这是它们第一次面临的可怕挑战。在这暗藏凶险的陡坡上，雪羊必须保证脚步不出任何差错。不过，它们可是天生的爬坡高手。

对于另一些宝宝来说，攀爬是一种安全手段。卷尾猴宝宝如果占据了树上的有利位置，会更容易发现捕食者，并发出警报。集体意识建立得越早越好，这有助于增加大家的生存机会。

另一个简便的安全手段是隐藏。许多宝宝出生时便拥有一些与栖息环境相适应的特征，让它们拥有伪装。一身杂色的羽毛能够让在岸边生活的雏鸟于砾石滩上隐身。新出生的猎豹宝宝身上有一道灰色的纵纹，这让它们看起来像是凶残的蜜獾。而狮子和鬣狗都非常不愿意招惹蜜獾。

还有一些动物利用数量作为优势，形成“少年帮”。有些勇敢的宝宝，如小企鹅，敢于团结起来，共同对抗来捕食的贼鸥。这是它们生活中要学习的非常重要的一课——团结作战，坚守自己的阵地。

有些动物需要结成群，外出捕猎，喂养后代，它们会把宝宝交由“保育员”来照顾。在这种情况下，生存与否就取决于这些宝宝能否学会团结在一起——那些离群的个体将面临各种危险，长大成年的可能性会变得十分渺茫。

上图

这只小**海狗**遇到麻烦了——它在海狗群中与妈妈走散了，随时都有可能遭到踩踏。单独行动让它更显脆弱。海狗妈妈需要能分辨出宝宝独特的叫声，尽快来到它的身边。

上图

一只小**苏门答腊猩猩**正在熟悉自己树上的栖息地。它正在学习攀爬和荡秋千。它知道妈妈随时都会伸出援手，所以感到非常安全。

右图

几年后，这些**加勒比海红鹳**宝宝会慢慢失去它们幼时的浅灰色羽毛，换上一身显眼的粉红色。现在，它们集合在“托儿所”里，受到成年红鹳的精心照料。

上图

当**帝企鹅**长到两个月大时，它们会结成“少年帮”，这会在许多方面为它们提供安全：在严寒中，紧紧地依偎在一起让它们获得了温暖；众多双眼睛在一起能够更好地提防贼鸥等投机取巧的捕食者。团结在一起，它们还真能制止那些威胁行为。果真是“鸟多势众”呀！

上图

对有些动物宝宝来说，另一条保证安全的妙计是融入环境背景之中。皮毛上的斑纹让这两只**薮猫**宝宝能够在栖息的草地上获得伪装。只要它们伏下身子，就很难被发现。

上图

　　非洲象宝宝正挣扎着穿过汹涌的河流。它和象群分开了。对年幼无知的象宝宝来说，情况非常紧急，它需要帮助。

上图

幸好一头有经验的母**象**领着它从一片水势较缓、深度较浅的水域经过。母象用自己的身体为小象遮挡着汹涌的水流。知道在哪里过河、什么时候过河，是领头的母象需要传授给后代的生活经验之一。

左图

很可能这只小**长尾林鸮**还没学会飞，就从窝里掉了下来。所以，它正拼命地爬回安全的地方，嘴巴、爪子、翅膀都用上了。

上图

猫鼬宝宝出生在一个亲密的社会群体之中。它们不仅从父母那里，还从许多年龄较长的部落成员那里获得保护。它们刚冒险走出洞穴，就在太阳底下晒着取暖了。

46~47页

灰熊妈妈在冬眠和哺育宝宝期间，整个冬季都没吃东西。现在，它必须在下一个冬季到来之前恢复体重。灰熊宝宝也要在雪天到来之前大吃特吃，这样，它才更有可能熬过寒冬。不过现在，它更感兴趣的是搭上“便车”，好好地玩一把。

上图

灵长类动物的宝宝，如这只小**长尾猴**，在出生后的几个星期中，大多会紧紧地倒挂在妈妈身上，倒着看世界。再长大些，强壮一点之后，有些物种的宝宝会趴到妈妈的背上，同样能够清楚地看见周围的一切。要看、要学的东西实在是太多了。

右图

格陵兰海豹在陆地上出生。最初，它们的毛是白色的，这为它们在雪地中提供了伪装。在3周的时间里，小海豹的毛将会变成银色，并出现黑色斑点。这时，它们已经学会了游泳和自己捕食。它们迅速地适应着几乎完全水生的生活方式。

左图

两只小**长尾林鸮**正从树冠往下看。它们可能还没长到会飞的年龄。但是，它们已经能在小树枝间跳来跳去了。它们正在慢慢熟悉自己的家园——森林。

上图

这里看起来陡峭、危险。不过，小**雪羊**天生就是爬山的好手。它自信地跟随着成年雪羊下山，去到夏季的觅食地。它拥有能够张开或并拢的蹄子。蹄子张开还是并拢取决于它上下山坡时，需要突然停下还是要抓紧不规则的石头。

上图

对于**大水獭**宝宝来说，除了游泳以外，还有很多东西要学。它们不仅要学会如何“浑水摸鱼”，还要学会躲避正在岸上巡视的美洲虎和生活在身边的凯门鳄。小心才是硬道理！

上图

当天气变得恶劣时，这些小**阿德利企鹅**就蜷缩在一起取暖。虽然它们的绒毛能够起到保温的作用，但是在极端严寒的天气里，当父母去海上觅食时，挤在一起还是让这些小企鹅保存了珍贵的能量。

上图

从低处看，这只小**鸻鸟**暴露无遗，很容易受到攻击。然而，从高空看，杂色的羽毛为它在砾石环境下提供了极好的伪装，能让它躲过饥饿的捕食者。鸻鸟的蛋和沙滩上的石头看起来没什么两样。

右图

刚学会走路的**欧洲棕熊**宝宝会找一些树木，开始吃力地向上爬。对于小棕熊来说，爬树当然是一种有趣的探索。另外，这也是关键时刻躲避危险的绝技。

上图

小**鸵鸟**紧紧跟随着成年鸵鸟，不仅是出于安全的原因，也是因为它在羽毛变密的过程中有被太阳晒伤的风险。所以，它要躲在阴凉处。很明显，它还要进一步地发育，才能达到父母的水平。

上图

再小也能发现危险，发出警报。一只小**僧帽猴**发现了一条蛇，大声叫喊，呼唤妈妈回到自己的身边。叫声也向旁边的猴子们发出了警报。

迈出第一步

有些动物宝宝差不多一出生就要学会行动。

刚出生一小时，小角马就要站起来，跟上妈妈的脚步，和数以万计的大部队一起行动。

还有一些动物宝宝首先需要一些时间慢慢成长和学习生存技能，然后才能开始行动。有些出生不久的宝宝非常幸运，能够“搭便车”。例如，条纹猫鼬宝宝在刚出生后的几周里，会被背着来往于不同的洞穴——这倒是一个轻松的开端。

但是，最终它们都需要自己行动。只有这样它们才能获得食物，紧跟家庭的脚步，保证安全，并最终生存下来。它们需要学会爬、走、跑、跳、游泳或者飞行。

某些动物，如象宝宝，在蹒跚的脚步中开局——能够保持平衡也是需要时间的。有些个体学得很快，但另一些个体难免会非常吃力。绒鸭宝宝脚一沾水，就知道如何游泳。美洲木鸭宝宝则需要鼓起勇气，从树上的窝中跳下来，“飞”到地面上，迈开第一步。

大水獭的游泳课上得惊心动魄——要么沉下去，要么游起来。不过，不久以后，游泳就成了它的第二天性。沙滩上的海龟宝宝看起来笨手笨脚的，它们拍打着脚板冲向大海，躲避捕食者。但是，一到水里，它们就变得迅捷而又优雅，真是天生的“游泳健将”。

迈出第一步是令“人”生畏的。但是，一旦动物宝宝们学会了运动，就打开了一片新天地。

左图

这只小**格陵兰海豹**面临着一个残酷的开端。吃了几周奶后，它就被抛弃了。它不得不迅速学会游泳、觅食和照顾自己，而且这一切都要在冰融化之前完成。

上图

原驼宝宝出生在高地之上。它们首先要在摇摇晃晃中克服困难，站立起来。在此过程中，父母也会过来帮一把。

右图

刚学会走路的**山地大猩猩**宝宝也会找一些树木，往上爬。然后，有趣的生活就开始了。

上图

为了躲避陆地上的捕食者，这只小**绒鸭**会用小短腿跑出的最快速度，紧跟父母，来到水中。

右图

这个**狍**宝宝正跳起来，跑向前方。虽然在最初的几个星期里，它一天中的大部分时间都是躲在草木之中的，但是，它跑动越多，就会变得越强壮，跑赢潜在捕食者的可能性就越大。

左图

狮子宝宝在刚出生后的几个月里不能走很远，所以为了让它们避开捕食者，妈妈就用嘴巴轻轻地叼着柔弱的小狮子从一个窝走到另一个窝。

上图

雪羊宝宝出生在严酷的高海拔栖息地。它们厚实的白色皮毛既能让它们抵抗严寒，又为它们在雪地中提供了伪装。它们甚至有带花纹的“足垫”，这让它们能更好地在光滑的山坡上攀爬。

左图

灰熊宝宝正在树上蹭痒痒，因为它看见过妈妈这么做。简直太爽了！

上图

刚出生时，**帝企鹅**宝宝在父母的脚上和育儿袋里获得庇护，抵御严寒。不过现在，尽管海冰上非常光滑，也非常寒冷，但是它已经能够独自迈出第一步了。

上图

小**角马**出生仅仅几分钟后，便能站起来。更让人难以置信的是，不到一小时，它便能跑动起来。每迈出一步，它都会强壮一分，跑赢捕食者、挺过第一年的概率也会增加一分。

右图

小**条纹猫鼬**得到了家庭成员的保护，每隔几天便会被安全地背到一个新的筑巢地。这一切都是在它处于睡梦中时进行的。

72~73页

小红鹳的宝宝聚在一起，形成“少年帮”，由一两只成年小红鹳带领着走向觅食地。令人惊奇的是，它们的父母能在25 000多个宝宝中，仅凭独特的叫声就确定自己宝宝的位置。

左图

学着自己站起来可不是件容易的事。不过，如果需要的话，小**非洲象**的家人是会施以援手的。

上图

海狗宝宝在刚出生的几个月里，通常都避免进入大海。在这段时间里，那些好奇心超强的小海狗就有被大浪卷走的巨大风险。最好还是先在陆地“育婴池”中练好游泳本领，然后再去远处闯荡。

上图

刚出生的**绿海龟**宝宝没有任何来自父母的保护。当它们奋力钻出沙滩表面，爬向大海以躲避各种捕食者时，它们的安全完全依赖数量优势。

右图

这些**美洲木鸭**宝宝出生在树干高处的窝中。要想迈出第一步，它们就需要从树洞中跳出来，落到地上。接下来，它们便以小短腿能跑出的最快速度冲向水边。

左图

小**猎豹**需要随时提防捕食者——要想在开阔的平原上生存下来，必须要保持警觉。

上图

大水獭宝宝出生在旱季。这时，水面较低，鱼很多。然而，过不了几周，就到了初次学游泳的时候了。它需要和时间赛跑——它要在雨季到来，河水水面急剧升高，捕鱼变得异常困难前，完全学会游泳。

上图

想要控制4条颤颤巍巍的腿本来就不是件容易的事，更何况这个**非洲象**宝宝还需要挑战湿滑的泥淖，才能跟上大部队。

右图

绿海龟宝宝到了海里，这里安全多了。沙滩上的那种笨拙的一拍一拍的步态现在变成了在波浪中轻松、优雅的泳姿——这里才是真正的家园。

82~83页

在所有食肉动物中，**北极狐**产崽的数量是最多的，一窝多达25只。现在，宝宝们已经走出地下的洞穴。再过不了多久，它们就要开始探索世界了。

午餐时间

刚生下来时，许多动物宝宝要完全依赖妈妈的乳汁。但接下来，走向独立的重要一步就是要自己进食。

食草动物必须不停地寻找新的草场。所以，在非洲平原上，动物们必须跟随雨水的“脚步”。这些动物宝宝不久就成了这世界上最大规模的迁徙队伍中的一员。然而，这些壮观的旅行往往要遭遇巨大的阻碍，比如蹚过危险的河流去对岸寻找嫩草。

食肉动物则面临着完全不同的挑战：捕捉迁徙中的猎物。为了完成这项任务，每个猫鼬宝宝都被分配了一个顾问，指导它们辨认食物，教它们如何处理哪怕是最棘手的食物——致命的蝎子。

灵长目动物僧帽猴和黑猩猩的宝宝要学会用工具进食这种更复杂的方法。这些只能靠观察和模仿族群中的长者来实现。掌握使用合适的木棒从土里诱捕白蚁的技能是需要花些时间的。但是，那些能坚持不懈的宝宝最终会茁壮成长。

有些鸟儿最终会长出特化的喙。火烈鸟宝宝会结成庞大的“少年帮”，走到成年火烈鸟的觅食地。在那里，它们会练习使用已经变弯的喙，直到能够熟练地从水中过滤食物。

喂食也并非都很辛苦。杜鹃是懒到极点的父母。杜鹃妈妈把蛋产在非洲卷尾等其他鸟类的窝里。孵化后的小杜鹃会把其他的鸟蛋统统推到窝外，消灭竞争对手，独得食物。手段卑鄙，但效果良好。

左图

一只小**食蟹猴**正在品尝露兜树的果实。几个月后它才会完全断奶。在这期间，虽然它还要吃奶，但主要的食物却是水果。

上图

考拉妈妈会教给它的宝贝如何识别哪些桉树叶子是最好吃的。宝宝还要吃一些别的东西——妈妈的便便。这种便便里包含一些细菌，能帮助消化有毒的桉树叶子。好奇怪的食物！

左图

猫鼬宝宝会被分配一个成年导师。导师会花时间教它如何识别哪些食物好吃，怎样获取食物。在这张照片里，小猫鼬正在学习怎样废掉蝎子的毒针。过一段时间之后，小猫鼬就会完全掌握这些技能，成为捕猎高手。

上图

哦，天呐！这个**非洲象**宝宝居然还不知道能用长鼻子喝水！需要再过很久它才能掌握用鼻子所能完成的那些非凡的事情。但是现在，解渴要紧，顾不上方法了。

上图

可怜的**非洲卷尾**受到了愚弄，正在给这只现在已经大得几乎连窝都容不下的**非洲杜鹃**宝宝喂食。它还会继续像对待自己的孩子一样喂养它。狡猾的小杜鹃把非洲卷尾所有的鸟蛋都处理掉了，就是为了没有其他嗷嗷待哺的宝宝来与它争夺食物。

上图

这只小**倭黑猩猩**有9~12个月大。它主要吃水果、树叶、嫩芽和树皮等素食。但是有时候，它也吃昆虫幼虫和鸟蛋，甚至是特别小的哺乳动物。可以吃的食物还真不少！

上图

小红鹳的宝宝正在学习用它特异的喙过滤食物。出生后的前几周，它的喙是直的。但是，过一段时间之后，它就变弯了。这时，宝宝就会在有经验的成鸟的带领下，和一大队“少年帮”宝宝一起，来到它们的觅食地。

上图

为了提防潜在的捕猎者，哨兵是没有年龄限制的。这种小**山狮**也叫**美洲狮**，拥有敏锐的蓝色眼睛。不过，在4个月大时，它的眼睛开始褪色，大约16个月大时，眼睛就变成了金棕色。也就是在这个时候，小美洲狮开始寻找自己的领地。

右图

大熊猫最佳的出生时间是秋季。这样，等到6个月大，它们开始吃竹子时，正好是春季，是竹子最有营养的嫩芽出现的时候。这个时候，趁着妈妈在树下吃东西，自己学习爬树也是一件趣事。

上图

僧帽猴能把木头当作砧板，利用石头工具敲开坚果。小僧帽猴需要用一段时间来观察成年猴子，才能自己尝试。经过尝试、出错的过程之后，它们才能最终掌握这一技能。成功的关键是坚持不懈！

右图

长颈鹿宝宝在大约两个月大时开始咀嚼树叶。当它们以不可思议的速度长大时——每天可以长高2.5厘米——它们就能够到更高、更大的叶子。现在，它们只能看着成年长颈鹿得心应手地吃高处的叶子，自己则只能吃低处的叶子将就一下。

98~99页

和其他犬科动物不同，**大耳狐**宝宝大多是由爸爸负责照顾的。现在，爸爸正教宝宝怎样找昆虫吃。这种动物听力超群。它们的大耳朵能够把土层之下昆虫发出的声音放大。一旦听见响动，它们就会迅速地挖开土壤，用锋利的爪子捕获猎物。

左图

两只小**棕熊**正在夏季的草地上吃东西。但它们也需要保持警觉，提防着好斗的公熊。后者是它们真正的威胁。

上图

黑猩猩能像人类一样利用工具使自己的生活更加舒适。现在，一只成年黑猩猩正教雄性黑猩猩宝宝如何把枝条上的叶子剥掉，然后用它做一个“钓蚁”工具，弄白蚁吃。小黑猩猩专注地看着。过不了多久，它就要尝试自己“钓蚁”了。

上图

一只小**驼鹿**正蹲着身子吃草。人们通常认为小驼鹿依靠观察妈妈来了解哪些东西能吃。但它只有一年的时间。一年后，当妈妈再次生产时，它就要被赶走了。

上图

家燕在大约3周大时从窝里出飞。但是，父母还会继续以飞行喂食的方式（如照片中那样）为它们服务一周。之后，小燕子就完全独立了。

上图

　　一只小**非洲水雉**正目不转睛地盯着睡莲花上的昆虫。小水雉孵出来几小时后便能走路、游泳和潜水，因此它们很快就能自己进食。通常，水雉爸爸要负责照顾和教小水雉觅食。小水雉在孵化后的大约60天里，都要和爸爸待在一起。

右图

山地大猩猩通常吃植物。它们以树叶、嫩芽、草根和水果为食。不过，这个小家伙对在藤条之间荡秋千更感兴趣，而将取食放到了第二位。这正是贪玩的年龄。

106~107页

河马宝宝正和妈妈一起在覆盖着睡莲的池塘里休息。小河马其实是在水下出生的，而且一天中的大部分时间都要泡在水里，只有在日落时才出来吃草。

上图

这可能是这只小**猎豹**第一次面对活的猎物——一只小汤氏瞪羚。为了填饱肚子而捕猎，对小猎豹来说是一项艰巨的任务。不过，如果想要独立，并在这片稀树草原上生存下来，这也是最重要的事情。

右图

一个**东部黑猩猩**的雄性宝宝正坐在地上玩一个水果。水果是它最喜欢的食物。不过，通过玩耍和观察周围的成年黑猩猩，它才能学会如何判断水果何时成熟。

结交朋友

为了长大成年，所有的动物宝宝都要迅速学习生活技能。对它们中的很多宝宝来说，这也包括结交朋友。有些朋友是临时的，有些则是永久的。

当父母出去觅食时，许多宝宝被留在“托儿所”里。这是一个玩耍和形成社会关系的绝佳时机。而且，周围有其他玩伴时，发现危险的可能性也就提高了。年轻的狮尾狒在和许多玩伴一起蹦蹦跳跳的过程中就长大了。不过，这些玩耍是操演攀爬技能的最佳方式。而这种技能是陡壁生存所必备的。

对于海狗宝宝来说，在外海生存的关键是拥有敏捷的身手。而锻炼这一本领的最佳方式是在“育婴池”中进行的：追逐其他精力充沛的小海狗。这不仅趣味十足，还能让它们成为自信的游泳高手。

在一股股寒流中，小企鹅们蜷缩在一起取暖，它们需要靠紧邻居才能挺过严寒。小狮子们还要学点社会知识。它们需要迅速理解狮群的规矩。当雄性头狮在场时，逾界是非常危险的。

从一开始，猎豹兄弟姐妹之间就存在着明显的打斗。但是，这些嬉闹对于操演捕猎和求偶所必需的技能是至关重要的。对于雄性猎豹宝宝来说，和兄弟们建立牢固的关系可能是生存下来的关键因素——终有一天，它们会被赶出家门。到那时，结成联盟成功的概率比单独行动要大得多。

嬉闹不只是看起来很好玩，它实际上帮宝宝们培养了基本的生存技能，奠定了成年生活的基础。

上图

狮子是唯一的真社会性猫科动物，拥有亲密的家庭关系，集体捕猎给它们带来了丰厚的回报。这两只小狮子可能正在决定它们的进食顺序。了解重要的社会知识能让它们在长大些时避免冲突。

右图

一只年轻的**川金丝猴**和它的宝宝正抱在一起取暖——高山之上实在是太冷了。尽管它们拥有漂亮、厚实的绒毛，但是如果可能的话，保存能量还是很重要的，更何况还能在深夜中获得一丝慰藉。

114~115页

目前，这两个**北极熊**宝宝只想彼此追逐，别无所求。它们至少还要和妈妈在一起待上一年，然后就要分开，去寻找各自的领地。

上图

虽然成年**薮猫**通常都是独来独往的，但是现在，这两个薮猫宝宝却是彼此为伴。它们还能在对方的身上试验正在增长的捕猎和社会技能。这两项技能对于今后的独立生活都是非常重要的。

右图

这两个可爱的**非洲象**宝宝挽着鼻子，肩并肩地走在一起，仿佛是在秀它们的深厚友谊。它们的鼻子看起来像人类的手一样。不过事实上，象鼻的末端比我们的指尖要敏感得多。象鼻伸向象群中的其他成员，触碰、抚摸它们，以此形成和维持亲密关系。

上图

狮尾狒通常成群生活，一个群中有很多成员。因此，它们通常用视觉信号同时与多个个体进行有效的交流，这可能包括面部表情和肢体动作。这群年轻的狮尾狒正在练习如何使用这些社会信号，并且通过观察和模仿周围的成年狮尾狒，它们还会学到更多。

上图

赤狐宝宝正在打斗。这将有助于培养捕猎和求偶所需的生活技能。不过，它们的友谊只是暂时的。因为未来它们将独自打拼，寻找属于自己的领地，而不是待在一起。

上图

雪羊拥有牢固的社会结构。宝宝们通常认为自己拥有母羊（它们的妈妈）的社会地位。每只雪羊都会对地位更低的成员表现出某种程度的攻击行为。所以，这种嬉闹中的争斗就能决定它们在整个等级制度中的位置，也能决定谁将是好盟友。

右图

两只刚会飞的小**喜燕**在雨中蜷缩在一起，等着父母给它们带来食物。虽然它们已经离开了巢穴，但是父母还会再喂养它们一周，甚至每天晚上都会引导它们回到巢穴。然而，过不了多久，这两只小燕子就要分飞了。

122~123页

猎豹宝宝在16~18个月大时会离开妈妈，或者更准确地说，是被妈妈赶走。此后，同窝出生的小猎豹还会继续在一起待几个月，帮助彼此提高捕猎技能。在这之后，雌性猎豹宝宝就到了性成熟期，它们会离开同窝的其他猎豹，开始独立生活。然而，雄性猎豹宝宝们则更有可能暂时或永久地结成联盟。

上图

东非狒狒宝宝正伸手去摸附近一只年轻的狒狒。灵长目动物是高度社会化的动物。肢体接触是它们成长过程中非常重要的因素。它们用这样的举动来加强个体联系，促进和谐的集体生活，以及像人类一样交流感情。

上图

兄弟间的打闹和较劲儿看起来纯洁而又有趣。但这是**欧洲棕熊**等动物练习今后生活需要的打斗技能的最佳方式。

上图

一小群**南极海狗**宝宝正坐在海滩上相互交流。它们的妈妈正在海里捕食。这只变种成白色的小海狗急需同盟军，因为它浅色的皮毛使它很容易暴露给豹海豹等潜在的捕食者。每出生1000只海狗宝宝，就会有一只可能发生这种颜色变异。

右图

虽然**帝企鹅**出生的地方是地球上最冷的，但是它们天生就懂得挤在一起取暖。这种抱团取暖的本能也意味着它们不会保卫自己的领地。这在企鹅物种中是绝无仅有的。

右图

这些**非洲象**宝宝正在触碰并用鼻子缠绕地上的宝宝。这既表达一种喜爱（或者也可能是安慰的意思），又让它们非常激动。现在，它们的友谊可能只停留在玩伴层面。但是，随着年龄的增长，它们还会继续使用肢体动作和通过发出声音来进行彼此间的交流。

上图

这两个**黑猩猩**宝宝悬挂在树上，正玩得开心。但是，这其实不仅是为了好玩，通过这种方式，它们还能进一步了解社会关系，增强体能和探索栖息地。所以，这样的粗野行为其实一举多得。

上图

两个**欧洲棕熊**宝宝正在打拳击呢！目前来看，它们是要好的玩伴。不过，这种情况不太可能持续下去，因为独立后的熊通常不会以大家庭的方式生活在一起。要是有一些社会交往的话，通常也是和毫无亲缘关系的熊，而不是和自己的兄弟姐妹在一起。

上图

4个活泼的**猎豹**宝宝正在一起玩耍，妈妈也参与其中。这能增强日后成为出色猎手所需要的追逐、跳跃和搏斗的技能。

右图

印度狐很少一次产下两个以上的宝宝。所以，这对宝宝只是彼此的玩伴和培养社会技能的练习对象。它们在大约4个月大时就会分开。童年短暂呀！但是，这正好能赶上季风期。这将为刚刚独立的印度狐提供充足的猎物。

成年礼

无论生活在哪里，长大成年都不是件容易的事。但是，走向独立是终极目标。所有动物宝宝都必须要学习在自己的环境中生存所需要的技能，并依据情况进行调整。越快越好！

大象宝宝需要在很多年后才不依赖妈妈。它们要花很长时间才能学会适应季节的变换和承担记忆整个家园范围的任务。要知道，它们的家园有可能方圆数千千米呢！

不过，鸟儿们的成年礼——出飞，要来得快得多。宝宝们拍打翅膀，进行准备。它们日复一日地锻炼肌肉，操演技能。但是，最终还需要巨大的勇气，才能让它们飞离巢穴——就矛隼而言，是跃离礁石的岩壁——飞入空中。

在水中生活的宝宝，如海狗，在陆地上刚出生时，笨拙至极。但是，一旦进入水中，它们便游刃有余。出生在大规模兽群中的宝宝，如斑马、角马，需要尽快培养速度和耐力，否则，它们就会被落下。自己做窝听起来很简单，但是，山地大猩猩需要进行长时间的观察、练习和调整，才能掌握这一技能，从而让自己在冬夜里保持温暖。

学会捕捉滑溜溜的鱼，操控自己的鼻子或者喙，在没有援手的情况下走出迈向外海的第一步——这些都需要学习，而且并非所有的动物宝宝都能成功。

但是，那些能成功的宝宝，就会继续发育，长大成年，并有可能有一天去养育自己的宝宝。

上图

这个**海狗**宝宝已经在陆地的“育婴池”中练习游泳几周了。现在，它做好了准备，要回到海滩，并将第一次投身大海。

右图

　　这个一两岁的**北极熊**宝宝正要跃入水中。北极熊被认为是海洋哺乳动物，因为它们已经适应了海洋中的生活，而且它们的食物来源也是海洋。

138~139页

　　很快，这些小**帝企鹅**就要被一起留在海冰上了。它们的父母再也不会回来喂养它们了。小帝企鹅们必须要先走到冰的边缘，然后等着身上的绒毛褪去，露出防水的羽毛。那时，也只有到了那时，它们才能第一次进入大海。

上图

又一个动物宝宝成功了。一头小**角马**加入了成百上千的成年角马和角马宝宝的行列，去寻找嫩草。要想紧跟队伍，它需要有体力和耐力，还要能跑赢任何等待中的捕食者。在以后的日子里，它每年都要进行一次这样的迁徙。

右图

断奶后的**平原斑马**驹遇到什么样的待遇，取决于它们的性别。雌性斑马驹要和妈妈一起留在由一匹种马率领的雌性斑马群中；雄性斑马驹则加入一个“单身俱乐部”，直到长到能够挑战种马为止。

上图

小**矛隼**出生在名副其实的悬崖边上。所以，准备出飞时，它们别无选择，只能拍打翅膀，向上跳几下，来一个俯冲，跃入空中。有些小矛隼看起来倒是比另一些胸有成竹。

上图

现在，这只一岁大的**山地大猩猩**在巢穴里分得一席之地。但是，经过几年对成年山地大猩猩的观察和模仿之后，它终有一天会自己扯一些枝条和树叶，铺一张床，舒舒服服地过夜。

上图

灰熊宝宝最终的成年礼——它第一次自己捕到了鱼。

右图

虽然这两个**灰熊**宝宝还要和妈妈在一起待到两三岁大，但是它们现在已经到了一个新阶段——它们正在自己过河，而不是像之前那样在妈妈的背上搭“顺风车”。

上图

这两头年轻**狮子**之间的拳击正在进入新阶段。之前悠闲的玩耍现在已经到了改善搏斗技能和测试力量的水平了。年轻的雌狮还能继续留在妈妈率领的狮群中，但雄狮则要被驱逐，自谋出路。

右图

一只年轻的**山地大猩猩**经常见到成年山地大猩猩拍打胸脯。现在，它也在有模有样地学着做。要多年后，它才能完全掌握这项技能，并且在有必要时展示。不过现在，模仿是“拍马屁”的最高境界。

148~149页

这个**非洲象**宝宝又掌握了鼻子的另一个用途——在和妈妈一起游过深河的时候，把它用作通气管。

上图

加岛环企鹅出生在地下的洞穴里。现在，它们已经离开洞穴，潜入水中。它们在陆地上非常笨拙，张着翅膀，在地上摇摇摆摆地走。但是，一到水里，它们就成了游泳高手。

右图

相对于妈妈的块头，刚出生的**大熊猫**是哺乳动物的新生儿中个头最小的。经过几个月的时间，它已经从眼睛看不见、身子光秃秃、可怜无助的小家伙，变成了自信的爬树高手、充满渴望的探索者，并且也和其他大熊猫一样，热爱竹子。它还没有完全独立，但是已经长大了许多。

上图

一只**平原斑马**驹安全地跨过了河流。每年它都要跨过河流去寻找新鲜的牧草，每一次都将面临同样的挑战——汹涌的河流和饥饿的鳄鱼。到了下一年，小斑马的妈妈就不会在身边指导它了。但是，它也不太可能孤身奋战。

右图

贝加尔海豹婴儿期的白色皮毛终于褪掉了。现在，这只年轻的海豹身上的毛色要深得多。它也已经做好准备要去水中探索，不过，不是去大海里。这种海豹是唯一一种完全生活在淡水中的海豹。它们生活的贝加尔湖是世界上最深的湖。

左图

由于体型较大，小**帝企鹅**需要一年多的时间才能离开巢穴。不过，在此之前，它们还要经历最后一个重要阶段——褪毛。绒毛是保暖必需的，但它们湿了以后，隔热性很差。所以，小帝企鹅会经过一个模样滑稽的过渡期，之后换上成年期的羽毛。只有在这时，它们才算做好了下海的准备。

上图

为了获得只在某个山崖才有的矿物质，**雪羊**宝宝还需要过最后一关——穿越汹涌的河流。它曾安全地爬下陡坡，也曾成功地躲开饥饿的熊、狼和鹰，它还学会了奔跑和跳跃，但是现在，它能游过去吗？

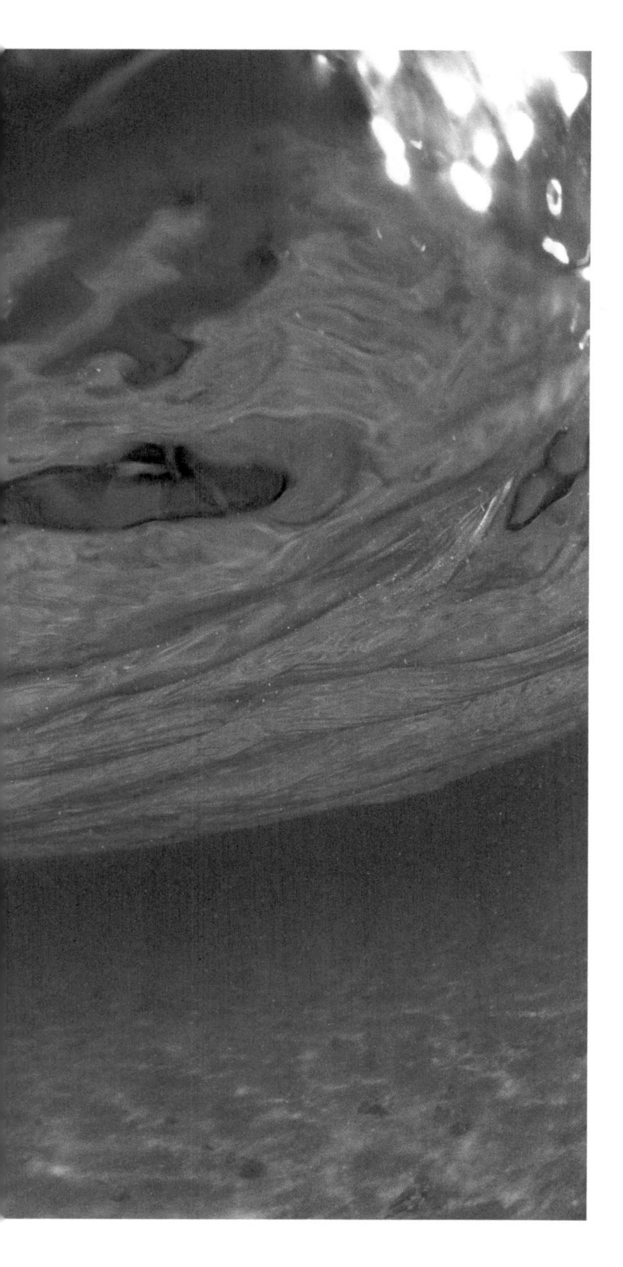

左图

绿海龟宝宝成功进入了大海，开始水中的生活。直到自己要产卵时，它才会再次回到自己出生的那片海滩。

上图

这再也不是那张渴望玩耍的脸了，这只**猎豹**已经换上了杀手才有的专注表情。等到可以独自扑倒猎物时，它便完成了自己的成年礼，走向完全自立。

上图

非洲象拥有自然界中最长的童年。这头小象可能需要10年的时间才会完全断奶。但是，到那时象群的亲情和高度的社会交往仍然会发挥关键性的作用。这些将有助于小象的成长，包括学习生存技能和代代相传的知识。

图片来源

4~5 Erlend Haarberg/NPL; 9 Suzi Eszterhas/MP/FLPA; 10~11 Lou Coetzer/NPL; 12 BBC; 13 Kevin Schafer/MP/FLPA; 14 Katherine Feng/MP/FLPA; 15 Donald M. Jones/MP/FLPA; 16~17 Momatiuk & Eastcott/MP/FLPA; 18 Nick Garbutt/NPL; 19 Frans Lanting/FLPA; 20 Laurent Geslin/NPL; 21 Mattias Breiter/MP/FLPA; 22~23 Edwin Giesbers/NPL; 24 Suzi Eszterhas/MP/FLPA; 25 BBC; 26 Andy Rouse/NPL; 27 Anup Shah/NPL; 28 Fiona Rogers/NPL; 29 BBC; 30~31 Robin Hoskyns/Biosphoto/FLPA; 32 Mitsuaki Iwago/MP/FLPA; 33 Ingo Arndt/MP/FLPA; 35 George Sanker/NPL; 36 BBC; 37 Suzi Eszterhas/NPL; 38~39 Claudio Contreras/NPL; 40 Jan Vermeer/MP/FLPA; 41 Denis-Huot/NPL; 42 BBC; 43 BBC; 44 Sven Zacek/NPL; 45 BBC; 46~47 Ingo Arndt/MP/FLPA; 48 BBC; 49 Ingo Arndt/NPL; 50 AFLO/NPL; 51 BBC; 52 BBC; 53 BBC; 54 Jonathan Harrod, Hedgehog House/MP/FLPA; 55 Peter Cairns/NPL; 56 Richard du Toit/MP/FLPA; 57 BBC; 59 Anup Shah/NPL; 60~61 Ingo Arndt/NPL; 62 BBC; 63 Suzi Eszterhas/MP/FLPA; 64 Bernard Castelein/NPL; 65 Gerard Lacz/FLPA; 66 Anup Shah/NPL; 67 BBC; 68 Jussi Murtosaari/NPL; 69 Klein & Hubert/NPL; 70 BBC; 71 Mark MacEwen/NPL; 72~73 Anup Shah/NPL; 74 ZSSD/MP/FLPA; 75 BBC; 76 BBC; 77 Visuals Unlimited/NPL; 78 Klein & Hubert/NPL; 79 BBC; 80 BBC; 81 Frans Lanting/FLPA; 82~83 Erlend Haarberg/NPL; 85 Ariadne Van Zandbergen/FLPA; 86 Fiona Rogers/NPL; 87 Suzi Eszterhas/MP/FLPA; 88~89 Robin Hoskyns/Biosphoto/FLPA; 90 Gerry Ellis/MP/FLPA; 91 BBC; 92 Anup Shah/NPL; 93 Anup Shah/NPL; 94 ARCO/NPL; 95 Mitsuaki Iwago/MP/FLPA; 96 BBC; 97 Pete Oxford/NPL; 98~99 Vincent Grafhorst/MP/FLPA; 100 Ingo Arndt/MP/FLPA; 101 Gerry Ellis/MP/FLPA; 102 Steven Kazlowski/NPL; 103 Markus Varesvuo/NPL; 104 Lou Coetzer/NPL; 105 Suzi Eszterhas/MP/FLPA; 106~107 Anup Shah/NPL; 108 Andy Rouse/NPL; 109 Fiona Rogers/NPL; 111 Flip de Nooyer/MP/FLPA; 112 BBC; 113 Cyril Ruoso/MP/FLPA; 114~115 Meril Darees & Manon Moulis/Biosphoto/FLPA; 116 BBC; 117 Anup Shah/NPL; 118 BBC; 119 Igor Shpilenok/NPL; 120 Shattil & Rozinski/NPL; 121 Brent Stephenson/NPL; 122~123 Anup Shah/NPL; 124 Anup Shah/NPL; 125 Danny Green/NPL; 126 Imagebroker/FLPA; 127 J.-L.Klein&M.-L.Hubert/FLPA; 128~129 Lisa Hoffner/NPL; 130 Fiona Rogers/NPL; 131 Marko Konig/Imagebroker/FLPA; 132 Klein&Hubert/NPL; 133 Sandesh Kadur/NPL; 135 Will Burrard-Lucas/NPL; 136 BBC; 137 Steven Kazlowski/NPL; 138~139 Klein&Hubert/NPL; 140 BBC; 141 Anup Shah/NPL; 142 BBC; 143 Suzi Eszterhas/MP/FLPA; 144 BBC; 145 Diane McAllister/NPL; 146 BBC; 147 Andy Rouse/NPL; 148~149 Richard du Toit/MP/FLPA; 150 BBC; 151 Andy Rouse/NPL; 152 BBC; 153 Olga Kamenskaya/NPL; 154 J.-L.Klein&M.-L.Hubert/FLPA; 155 BBC; 156~157 Jurgen Freund/NPL; 158 BBC; 159 BBC

NPL – naturepl网站; MP/FLPA – Minden Pictures/Frank Lane Picture Agency